手绘星球

全景图鉴

雨林深处真奇妙

[英]安妮塔·加纳利　[英]凯特·佩蒂◎著　[英]杰克·伍德◎绘　杨文娟◎译

H.P.H 哈尔滨出版社
HARBIN PUBLISHING HOUSE

黑版贸审字 08-2020-037 号

图书在版编目（CIP）数据

雨林深处真奇妙 / (英) 安妮塔·加纳利, (英) 凯特·佩蒂著 ; (英) 杰克·伍德绘 ; 杨文娟译. — 哈尔滨 : 哈尔滨出版社, 2020.11

（手绘星球全景图鉴）

ISBN 978-7-5484-5439-7

Ⅰ. ①雨… Ⅱ. ①安… ②凯… ③杰… ④杨… Ⅲ. ①热带雨林－儿童读物 Ⅳ. ①P941.1-49

中国版本图书馆CIP数据核字(2020)第141865号

书　　名：手绘星球全景图鉴. 雨林深处真奇妙
SHOUHUI XINGQIU QUANJING TUJIAN. YÜLIN SHENCHU ZHEN QIMIAO

作　　者：[英]安妮塔·加纳利　[英]凯特·佩蒂　著　[英]杰克·伍德　绘　杨文娟
责任编辑：杨浥新　赵　芳　　责任审校：李　战
特约编辑：李静怡　　美术设计：官　兰

出版发行：哈尔滨出版社（Harbin Publishing House）
社　　址：哈尔滨市松北区世坤路738号9号楼　　邮编：150028
经　　销：全国新华书店
印　　刷：深圳市彩美印刷有限公司
网　　址：www.hrbcbs.com　　www.mifengniao.com
E-mail：hrbcbs@yeah.net
编辑版权热线：（0451）87900271　87900272
销售热线：（0451）87900202　87900203

开　　本：889mm × 1194mm　1/16　印张：14　字数：70千字
版　　次：2020年11月第1版
印　　次：2020年11月第1次印刷
书　　号：ISBN 978-7-5484-5439-7
定　　价：124.00元（全7册）

凡购本社图书发现印装错误，请与本社印制部联系调换。
服务热线：（0451）87900278

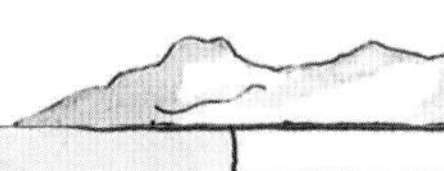

目　录

雨林之旅

哈里和拉夫做好了长途旅行的准备，他们要启程去游览雨林。地球的中部赤道周围有大片茂密潮湿的森林。那里终年炎热多雨。

哈里和拉夫已经在他们的地图集上找到了雨林的位置。它们主要分布在三大区域——南美洲、东南亚和非洲。

他们打包了蚊帐，以免晚上被蚊虫叮咬。

雨林里是不是有很多可怕的爬虫？
是的，成千上万。或许我们会发现一个新的物种，可以用你的名字给它命名！

树木之上

哈里和拉夫开启了旅行的第一程，他们正往世界上最大的雨林飞去。这是位于南美洲的亚马孙热带雨林。你能在哈里的地图集里找到它吗?这片森林绝大部分在巴西境内。

从空中俯瞰，雨林就像一张由树梢组成的巨大绿色地毯，一些特别高大的树从“地毯”上探出头来。接着往后翻，你会读到更多关于它们的内容。
哈里和拉夫在寻找一个适合的地方着陆。
那是亚马孙河。它是世界上第二长的河流。

河边着陆

他们降落在河岸的一片空地上。这条河十分宽广，不过他们几乎可以看清对岸。亚马孙河大约长 6500 千米，源头是位于秘鲁西部安第斯山脉的一条小溪，穿越南美洲，汇入东部的海洋。

亚马孙河的水流量比世界上其他任何河流都要大，这是因为它途经的大部分流域都是雨林。雨落到森林里，渗透进土壤，接着又从地里排出汇入河流。数百条被称作支流的小河再汇入亚马孙河。

探索森林

哈里和拉夫启程去探索雨林。他们抬头望向上方的树，天空都被树顶遮蔽了。他们听到雨水拍打树叶的声音，滴答！滴答！滴答！他们还听到远处一声巨响，咔嚓！是一棵树倒在地上的响声。

森林地面非常阴暗，生长着菌类和苔藓，枯萎腐烂的树叶覆盖着它们。那里有许多蠕虫、甲壳虫、千足虫和其他在树叶间爬动的生物。体形大些的动物，比如貘，会在树叶间翻找食物。

有些大树在树干上长着奇怪的根。它们又宽又平，不像通常所见的根又细又长。这些根可以帮助树木保持直立。

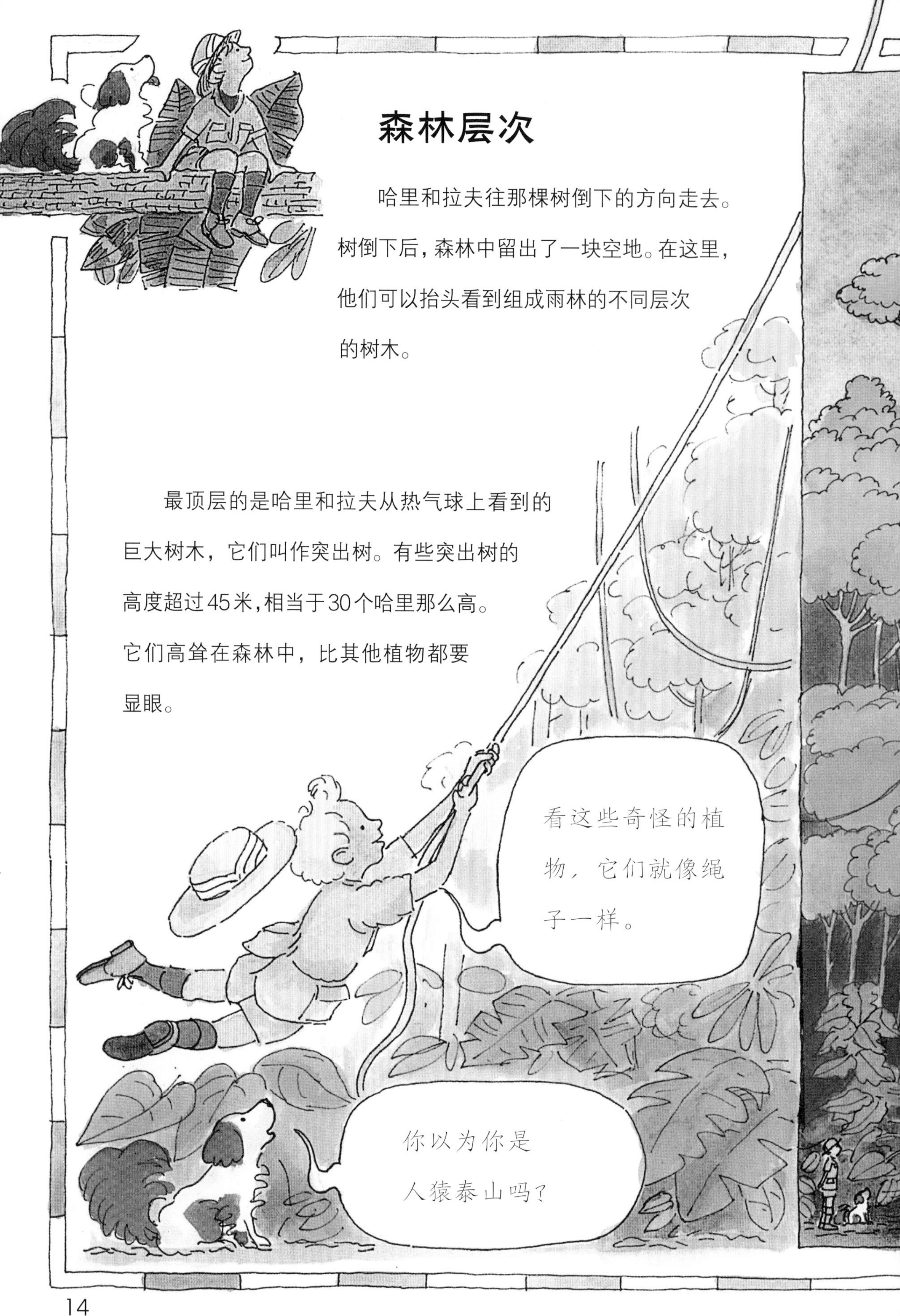

森林层次

哈里和拉夫往那棵树倒下的方向走去。树倒下后，森林中留出了一块空地。在这里，他们可以抬头看到组成雨林的不同层次的树木。

最顶层的是哈里和拉夫从热气球上看到的巨大树木，它们叫作突出树。有些突出树的高度超过45米，相当于30个哈里那么高。它们高耸在森林中，比其他植物都要显眼。

往下一层是哈里和拉夫在森林上空飞行时看到的“绿地毯”。这是由树枝和树叶重叠形成的厚厚一层，被称为冠层。有许多动物生活在冠层里。

冠层下生长着一层更矮的树木，被称为林下叶层。

最底层生长着灌木、草本植物、蕨类植物和攀援植物等。森林地面上生长的植物很少，因为植物生长需要阳光，而雨林下面很暗。

植物和树

雨林中有许多不同种类的树木和植物。它们在温暖潮湿的天气下生长得很快。有些树被称作硬木树，它们常被砍伐作为木材，比如桃花心木和柚木。

有些树中含有有用的药物。金鸡纳树的树皮被用于制造奎宁——一种用来治疗疟疾的药物。疟疾是一种由疟蚊传播的可怕热病。

美丽的兰花和凤梨科植物生长在高高的树枝上。它们的根悬垂在空中。
是的，不过家里的植物里可没有青蛙！
橡胶是由橡胶树被切割后流出的乳白色汁液制成的。

雨林动物

哈里和拉夫启程去看生活在雨林中的动物们。那里能看见好多动物——蝴蝶、甲虫、蛇、青蛙、鸟和猴子等。雨林是地球上将近一半动植物的家园。大多数动物不是生活在黑暗的森林地面，而是生活在树上。

他们看见一只树懒头朝下倒挂在一根树枝上，它是森林里行动最慢、最容易犯困的动物。

一只蜂鸟在一朵花前面盘旋，它把长长的嘴伸进花里，汲取着里面香甜的花蜜。

巨嘴鸟用它们又大又鲜亮的嘴够到想吃的水果。

这只蜘蛛猴可以用尾巴勾在树枝间荡来荡去。

箭毒蛙看起来颜色鲜艳，不过它黏湿的皮肤含有一种致命的毒素。

你能发现藏在绿叶间的树蛇吗?

哈里和拉夫还遇到一位当地的森林居民。他正在用弓箭狩猎。

升空离开

哈里和拉夫要返回热气球，飞往其他雨林探索了。他们很难在昏暗的森林中发现回去的路，是森林居民带领他们找到了热气球。

他们飞向亚马孙河入海口的河岸。这里的河面非常非常宽广，他们通过双筒望远镜都无法看到对岸。

这条河向大海里注入大量淡水，以致海水在距离海岸 150 千米远的地方才变咸。

这条河也把大量棕黄色泥土带到大海里。它在流经陆地的时候带走了地表的泥土。其中一些泥堆积形成河中央的小岛。还有一些随河流冲入大海，在海床上落脚。

东南亚

旅行的下一站是东南亚。在那里的雨林里，他们看到一种巨大的花，名叫大王花。它比汽车的轮胎还要宽三倍，气味十分难闻，就像腐烂的肉！他们还看到一只猩猩，长着乱蓬蓬的红毛和强壮的长臂。

非　洲

在非洲雨林里，他们发现了另一种猿猴——山地大猩猩。它生活在一种名为云雾森林的雨林里。云雾森林长在高高的山坡上，终年云雾缭绕。

在非洲海岸外的马达加斯加岛上也有一小片雨林，那里是狐猴的家。这种动物看起来就像一只黑白相间的大泰迪熊。

森林破坏

雨林仅覆盖地球大约十分之一的面积。它们曾经是现在的两倍大，可人们砍伐破坏的速度太快了，也许不久以后它们就会消失。

雨林的树木被砍伐作为木材，木材被卖掉并制成家具。它们也被砍伐烧毁，腾出空间建造农场和房屋。人们挖矿修路的行为也会破坏森林。

一些专家相信，在你阅读这一页的时候，又有大概三十个足球场那么大的雨林被破坏了。

我们失去了什么？

在回家前，哈里和拉夫回到亚马孙热带雨林和他们的新朋友告别。雨林破坏意味着这些人会失去他们的家园，对于数千种动植物来说也是如此。

我们也将永远失去那些可以入药或当作食物的植物。

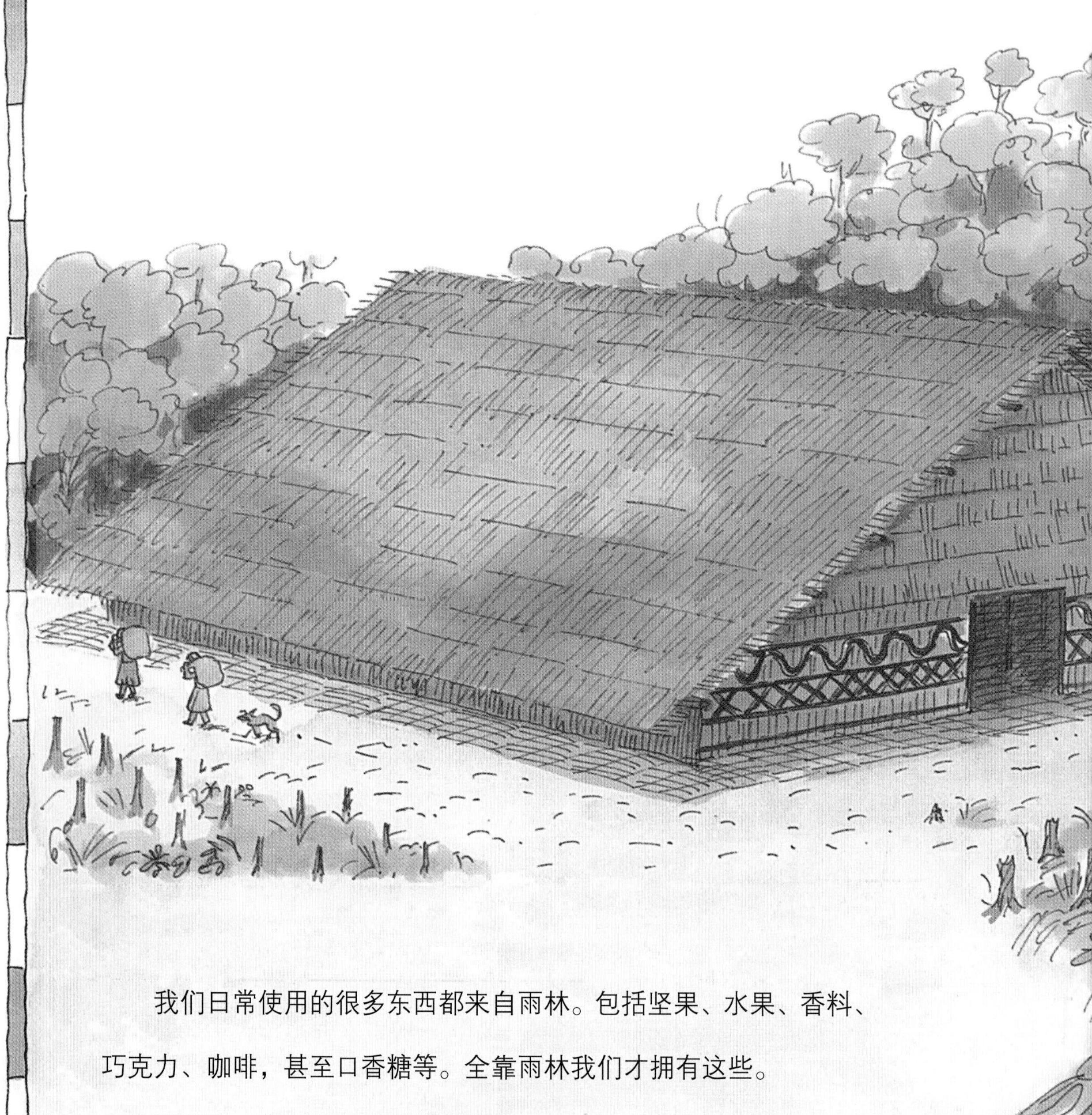

我们日常使用的很多东西都来自雨林。包括坚果、水果、香料、巧克力、咖啡，甚至口香糖等。全靠雨林我们才拥有这些。

破坏森林可能会影响地
球的气候，导致全球变暖。
被阻挡的
热量
如果全球变暖，
会发生什么事？
南极和北极的冰会
融化。海平面会升
高，淹没沿岸的地
方。世界各地的天
气也会发生改变。

采取行动

在回家的途中，哈里和拉夫思考着他们能做些什么来帮助和拯救雨林。

他们确认了家具不是用来自雨林的硬木树制成的，使用白蜡木或松木更好些。他们买了大量的巴西坚果。采摘这些坚果不会破坏雨林。

他们还制作了一张名为“拯救雨林”的海报。你也试着自己做一张环保海报吧。用鲜亮大胆的颜色让它引人注目，把它挂在你的卧室或教室的窗户上。

索　引